AF454399

NOUVELLES RECHERCHES

SUR

LA VARIOLE OVINE

PAR

P. POURQUIER

VÉTÉRINAIRE

DIRECTEUR DE L'INSTITUT VACCINAL DE MONTPELLIER

Toute dépense faite au nom de l'hygiène est une économie.
(Rochard)

MONTPELLIER

IMPRIMERIE GROLLIER ET FILS, BOULEVARD DU PEYROU

—

1884

NOUVELLES RECHERCHES

SUR

LA VARIOLE OVINE

Il faut reconnaître que, dans le midi de la France, les épidémies de variole sur les animaux de l'espèce ovine se montrent de plus en plus fréquentes.

Elles présentent, au point de vue du nombre des sujets atteints, deux périodes : la première, la plus importante, commence au mois d'avril et s'achève en septembre ou octobre ; la seconde que j'appellerai hivernale se caractérise par la diminution des troupeaux varioleux.

Deux causes principales qui se renouvellent, sans cesse, aux mêmes époques de l'année, sèment dans le bétail les germes d'une nouvelle épidémie. Le fléau, qui sévissait sur quelques rares sujets au commencement du printemps, reprend, à cette même époque, une intensité nouvelle, due aux arrivages du bétail étranger et aux clavelisations que les éleveurs du littoral pratiquent, à l'effet de se prémunir contre les conséquences, toujours redoutables, de l'invasion nouvelle, presque certaine, partout où le bétail étranger est importé.

Est-il possible d'empêcher l'importation en France de la clavelée ? Bon nombre de personnes ne craignent pas d'affirmer, hautement, que, si le gouvernement voulait, on éviterait certainement ce fléau. Ne vous avisez pas de leur demander par quels moyens. Ils affirment......... cela doit être. Quant à nous qui sommes bien placé pour étudier ce sujet, et qui l'avons étudié, nous répétons, aujourd'hui, ce qui a déjà été dit dans un travail spécial :

Étant donné les circonstances économiques nécessitant l'importation du bétail étranger, l'État ne peut empêcher la clavelée de pénétrer en France.

Notre pays, la chose est claire, ne peut suffire aux besoins toujours croissants de l'alimentation publique. L'importation du bétail étranger est devenue d'une nécessité absolue.

Ce bétail est, le plus souvent, envoyé, dès son arrivée, à l'abattoir, ou acheté par des éleveurs qui en retirent, au bout d'un certain temps, une plus value résultant de l'élévation du poids des sujets et de la qualité de la viande. Cette pratique qui se répand dans le Midi, augmente les chances d'infection claveleuse des autres troupeaux. Malgré cet inconvénient, que contrebalancent, largement, les avantages qui résultent pour la France de l'augmentation du bétail d'engrais, l'État ne saurait s'entourer de tous les renseignements nécessaires avant d'appliquer une mesure quelconque pouvant amener une diminution de l'importation.

Le mouton Algérien par sa rusticité, sa résistance à la fièvre charbonneuse et à la variole, constitue un animal précieux pour le midi de la France, dont le climat et le sol ont une si grande ressemblance avec ceux de notre belle colonie Algérienne. Pendant longtemps, les sujets importés présentaient une chair pâle, rosée, peu nutritive, souvent dure, coriace, d'une saveur de suif des plus désagréables. Ces défauts provenaient, en grande partie, d'une alimentation insuffisante, d'une castration mal faite ou des sujets à queue large (1). Si l'ont joint à ces défauts propres à certaines races, ou résultant des habitudes locales, les fatigues de toutes sortes éprouvées par les animaux avant, pendant et après la traversée, on s'explique très-bien, le discrédit dans lequel sont restées longtemps les viandes de provenance Algérienne.

Depuis lors, des réformes importantes ayant été réalisées, les éleveurs du Midi n'ont pas tardé à reconnaître que parmi les moutons de l'Algérie, débarquant à Marseille et à Cette, il se trouvait bon nombre de sujets bien castrés, à queue fine, un peu maigres parfois, qui récupéraient, bien vite, dans le Midi, les qualités que la fatigue et les privations leur avaient fait perdre. Ces faits une fois connus, les troupeaux d'engrais n'ont pas tardé à se multiplier. On peut même avancer que le moment est peu éloigné, où l'Algérie sera impuissante à fournir tous les moutons exigés par les éleveurs du Midi.

L'augmentation du nombre de bêtes ovines importées dans nos plaines explique suffisamment l'extension de plus en plus grande de la variole. Mais il ne faudrait pas croire, que la cause de ce danger réel, incontestable, appartienne spécialement aux moutons Algériens. Combien de fois, en effet, n'avons-nous pas vu la variole sévir sur des bêtes ovines récemment importées d'Espagne, d'Italie, de Hongrie : si le bétail Algérien joue dans le Midi, à ce sujet, le principal rôle, c'est qu'il est le plus nombreux. Supposons que l'Etat interdise son importation, la consommation publique et l'élevage auront alors forcément recours aux races étrangères, qui, elles aussi, offrent des chances, au moins égales, d'importer avec elles la clavelée, avec cet inconvénient que ces animaux sont moins bien appropriés aux circonstances climatériques du midi de la France.

La visite aux ports d'embarquement et de débarquement des bêtes ovines de l'Algérie, l'abatage ou la séquestration *des animaux malades* doivent être les seules précautions générales à prendre à leur égard. Dans ces limites, on ne fait qu'appliquer, strictement, les mesures mises en pratique aux frontières lorsqu'on examine un troupeau destiné à l'importation.

---

(1) Une des réformes importantes qui s'imposent dans l'élevage des bêtes ovines de l'Algérie est la disparition des moutons à queue large. L'infériorité de la chair de ces animaux constitue, à notre avis, un motif suffisant de réforme que ne contrebalance pas suffisamment l'immunité charbonneuse qui caractérise cette race.

Si la variole se montre rarement lors de la visite, aux bureaux de la douane placés aux Pyrénées ou dans l'Est, c'est que le commerce du bétail est pratiqué par des hommes d'une grande habileté, qui savent fort bien que les agents du service sanitaire ne peuvent reconnaître la maladie s'il n'existe sur les animaux un des signes caractéristiques.

Les marchands connaissent parfaitement ces derniers, il leur suffit d'éliminer, au préalable, les sujets ovins qui les présentent, pour être certains, que les troupeaux seront considérés comme non atteints de clavelée. Quant aux moutons sous le coup de la variole à la période d'incubation, ou possédant, dans la toison ou ailleurs, les germes de la maladie, les agents sanitaires sont impuissants à les reconnaître. Ce fait indiscutable n'est-il pas la condamnation du certificat sanitaire qu'on a proposé, tout récemment, d'accorder aux troupeaux reconnus sains à la frontière? Aux yeux de l'éleveur, cette pièce sera synonyme de sécurité complète, absolue ; il n'hésitera pas, un seul instant, à placer le bétail étranger parmi les autres animaux..... quelques jours après, la clavelée fera de nombreuses victimes. Mieux vaudrait, à notre avis, dire à l'éleveur : tout animal étranger est un animal suspect, et à ce titre, il importe de prendre toutes les mesures que l'on doit mettre en pratique à l'égard des animaux contaminés.

On a conseillé de n'admettre à l'importation que les bêtes ovines clavelisées avant leur départ de l'Algérie. Nous croyons peu à la possibilité d'appliquer cette mesure. En admettant que les difficultés signalées soient surmontées, nos colons Algériens n'auraient-ils pas motif de protester, non sans raison, à moins qu'on étende cette mesure aux moutons Allemands, Italiens, Espagnols, Hongrois, Russes, etc., qui, eux aussi, constituent un danger réel pour l'élevage?

La clavelisation préventive de toutes les bêtes ovines étrangères implique nécessairement la guérison des pustules, leur entière cicatrisation et, en outre, la désinfection complète de la toison........................

N'est-ce pas avouer l'impossibilité matérielle de cette mesure prophylactique?

En présence de l'impuissance de l'État, ce dernier doit-il rester entièrement indifférent ?

Nous pensons le contraire. En dehors du service d'inspection établi à la frontière et de l'application de la loi du 21 juillet 1881, concernant la police sanitaire des animaux, il reste encore beaucoup à faire. Il faut, à mon avis, reprendre l'étude de la clavelée et faire, d'ores et déjà, bénéficier la pratique des faits bien connus, pouvant assurer le succès de la clavelisation.

L'on sait, par expérience :

Que la variolisation pratiquée pendant les gros froids ou les fortes chaleurs constitue une grande imprudence ;

Que l'inoculation d'un virus de mauvais choix, renfermant une matière altérée au contact de l'air, est ordinairement une des principales causes de ces engorgements livides, emphysémateux, accompagnés d'une tuméfaction rapide des ganglions lymphatiques voisins, véritable septicémie ;

Que ces accidents septiques se montrent absolument semblables, lorsque la clavelisation est pratiquée dans les températures chaudes et humides de l'été, et lorsque les animaux inoculés sont renfermés, en grand nombre, pendant l'hiver, dans des bergeries chaudes, peu aérées et encombrées par des fumiers surchargés de matière animale en voie de décomposition.

Ne sait-on pas, également : qu'avec un virus, très-pur, pris sur un sujet atteint d'une variole bénigne, on obtient une maladie moins grave qu'avec un virus emprunté à un sujet gravement atteint;

Que les sujets inoculés placés dans les bergeries à côté d'autres animaux affectés de variole naturelle peuvent s'hypervarioliser et succomber;

Que le virus puisé dans les pustules très petites, caractérisant la variole bénigne du bétail africain, donne une affection d'une gravité exceptionnelle aux races ovines élevées dans le midi de la France?

La plupart de ces faits sont connus dans la pratique. Malheureusement, jusqu'à ce jour, la difficulté de se procurer en temps utile un bon virus claveleux a paralysé les efforts des éleveurs. Aussi voyons-nous la clavelée faire de nombreuses victimes, parce qu'il n'est guère possible de prendre les précautions urgentes qui assurent le succès de cette opération.

Je suis tellement convaincu que l'usage d'un virus claveleux pur, cultivé de concert avec certaines précautions, est la clef de voûte de cette grosse question qu'on appelle la clavelée importée en France, que je me suis efforcé de trouver un procédé, un moyen pratique de conserver ce virus, et surtout d'en avoir une suffisante quantité pour permettre aux éleveurs de n'avoir *jamais* recours aux bêtes ovines affectées d'une variole naturelle.

Mes recherches, commencées il y a plus de six ans, ont été longtemps infructueuses. La création à Montpellier d'un Institut vaccinogène m'imposa la nécessité d'étudier les procédés nombreux de conservation du cow-pox, mis en pratique tant en France qu'à l'étranger. Ces recherches ont abouti à un double succès : la conservation du vaccin de la génisse et celui de la clavelée.

La possibilité d'avoir ce dernier en abondance, m'a permis de tenter une nouvelle série d'expériences. Du 1er avril 1883 au 1er juin 1884, j'ai expérimenté sur plus de deux mille bêtes ovines. J'ai l'honneur, aujourd'hui, de publier un résumé succinct de ces recherches, mes occupations rendant presque impossible la rédaction d'un mémoire où seraient complétement détaillées les observations que j'ai pu faire. Tel qu'il est, ce travail démontrera, j'ose l'espérer, que la clavelée est une maladie qui mérite de nouvelles études, et que l'État ne doit pas rester indifférent à des recherches qui exigent, non-seulement du temps, mais des dépenses toujours trop grandes pour un seul individu. Dans cette question, les recherches de laboratoire doivent marcher de front avec la grande expérimentation, cette dernière ne peut réaliser un progrès réel, sans avoir recours aux recherches continues que l'on peut suivre, facilement. lorsque les animaux sont placés dans un local peu éloigné des lieux où l'on habite.

Voici quels sont les points de la variole ovine qui ont motivé mes recherches :

I. Étude comparative entre l'action du virus naturel pris sur des sujets atteints d'une variole confluente grave et le virus puisé sur une pustule unique, bénigne, provenant de l'inoculation. — Conséquences économiques.

II. Conservation du virus claveleux.

III. Injection sous-cutanée du liquide variolique dilué. — L'eau distillée ajoutée à ce liquide virulent affaiblit-elle son activité? — Le même virus en vieillissant atténue-t-il son activité?

IV. Durée de l'immunité variolique acquise par les animaux de l'espèce ovine à la suite de l'inoculation.

V. A quelle période de son cours la clavelée inoculée doit-elle être parvenue pour être préservatrice?

VI. Effets produits à la suite de l'amputation du point où l'inoculation de la variole a été pratiquée.

VII. L'hydrogène sulfuré exerce-t-il une action spéciale sur l'organisme des bêtes ovines, pouvant empêcher le développement de la variole inoculée? Expériences du contrôle du docteur Froschauer (de Vienne, Autriche).

I.

Étude comparative entre l'action du virus naturel pris sur des sujets atteints d'une variole confluente grave, et le virus puisé sur une pustule unique, bénigne, provenant de l'inoculation. — Conséquences économiques.

Tous ceux qui ont eu l'occasion de pratiquer un grand nombre de clavelisations, sont unanimes à reconnaître que le virus recueilli sur des sujets affectés d'une variole confluente maligne donne, le plus souvent, une affection revêtant les mêmes caractères de gravité. Je sais fort bien que cette règle souffre des exceptions et qu'une variole confluente peut donner naissance à une affection bénigne, mais le praticien qui croirait constamment obtenir ce résultat, éprouvera une déception. A mon avis, on ne doit jamais puiser le virus sur un sujet varioleux gravement malade, car j'ai pu constater, bien souvent, la pernicieuse propriété que possède un pareil virus de transmettre, même après plusieurs inoculations successives, tous les caractères d'une variole confluente grave.

Le 8 octobre 1883, par un temps très doux, cent dix bêtes ovines, très vigoureuses, du domaine de C......, près Montpellier, furent inoculées avec du virus recueilli, un mois avant, sur des sujets clavelisés; les cent dix bêtes offrirent toutes une simple pustule large de un à deux centimètres, bien délimitée, sans engorgement au pourtour; l'état général des sujets fut aussi parfait que possible.

Le dix novembre 1833, un troupeau de trois cent vingt bêtes (320) ovines, composé en grande partie d'agneaux âgés d'un an environ récemment castrés, dans un grand état de maigreur, exposés à contracter la variole naturelle, reçurent le virus recueilli sur le troupeau précédent. L'inoculation fut faite par une simple piqûre à la face inférieure de la queue; huit jours après, une macule rouge plus ou moins large se montra aux points d'inoculation, à cette époque, les sujets inoculés étaient gais; l'opération paraissait devoir suivre une marche des plus bénignes quand, tout à coup, sous l'influence de vents froids, très persistants qui se montrèrent alors, les pustules en voie de formation, sur bon nombre de sujets, s'affaissèrent, devinrent livides ; cinquante perdirent l'appétit, une variole disséminée à la surface du corps se produisit : quinze eurent une variole confluente qui détermina la mort de cinq sujets. L'action du froid sur les pustules en voie de développement fut semblable à l'amputation des points inoculés, pratiquée bien avant le développement complet des pustules.

A la même époque et sous l'influence de causes climatériques semblables, sur cent neuf bêtes ovines, placées dans une ferme du voisinage, inoculées avec le virus pris sur un sujet affecté d'une variole grave, cinquante-neuf brebis succombèrent, vingt présentèrent une clavelée confluente des plus graves, et le restant, bien qu'affecté d'une maladie relativement bénigne, éprouva une perte qui s'éleva à une dizaine de kilogrammes par tête.

Un second troupeau de 85 têtes inoculées avec le virus pris sur un mouton affecté d'une variole si intense, que le sujet succomba une heure après la fin de l'opération, produisit sur tous les ovins une variole d'une violence extrême ; soixante bêtes succombèrent ; celles qui restèrent durent la vie aux soins exceptionnels dont on les combla.

Il serait oiseux de citer un plus grand nombre de faits. Il est, pour nous, certain : que la clavelisation préventive pratiquée avec un bon virus de conserve doit être faite pendant les mois où la température est douce et uniforme.

Je dirai, avec M. Lebel, auteur d'un excellent travail sur la clavelée : Ces résultats sont du plus haut intérêt pour l'élevage des bêtes ovines, partout où la variole constitue un danger permanent. En effet, le plus grave inconvénient n'existe point dans la perte de trois à quatre bêtes sur 100 dans un troupeau, mais la fièvre de réaction due à la transmission d'un virus trop actif dans l'organisme, l'éruption secondaire confluente qui en est la conséquence, le développement de grosses pustules vivement enflammées aux endroits inoculés, l'avortement des brebis pleines, la diminution de la sécrétion lactée dans les brebis nourrices et l'usage pour le nourrisson d'un lait qui cause des diarrhées rebelles et épuisantes, le retard dans l'accroissement des jeunes agneaux et dans l'engraissement des bêtes de boucherie, la diminution du poids de la toison, enfin le séjour plus prolongé de la séquestration à la bergerie ou du cantonnement assigné par l'autorité, sont autant de circonstances défavorables pour l'éleveur et l'engraisseur, qui se résument en temps précieux perdu et en dépenses plus ou moins considérables.

L'emploi d'un bon virus, provenant de pustules uniques d'un sujet inoculé, réduit forcément toutes ces pertes. Si le vaccin est puisé directement du tube de verre qui le contient, on n'a plus à craindre la contamination des bêtes que l'on inocule, par les émanations qui s'échappent du corps des animaux atteints de la variole naturelle, lorsqu'on a recours à ce dernier procédé.

II

Conservation du virus claveleux.

Depuis longtemps déjà, on s'est préoccupé de conserver le claveau ; les uns le plaçaient entre deux plaques de verre. Ce procédé laisse beaucoup à désirer. Un des plus graves inconvénients est d'exposer parfois le liquide, ainsi conservé, à une altération septique toujours dangereuse.

Plus tard, on a essayé de le renfermer dans des tubes capillaires soigneusement bouchés aux deux extrémités: on peut ainsi le conserver pendant longtemps, à la condition expresse, de placer les tubes dans un lieu frais et à l'abri de la lumière. Cette méthode, bien que réalisant un progrès sur la précédente ne s'est par vulgarisée dans la pratique ; il suffit de l'avoir essayée pour en connaître la cause, qui réside presque entièrement dans la difficulté qu'il y a de remplir complétement un assez grand nombre de tubes capillaires. Dans le midi de la France la conservation du virus ainsi préparé a une durée fort limitée, surtout pendant la période des fortes chaleurs.

L'emploi des tubes stérilisés de M. Pasteur permet, il est vrai, d'obtenir une plus grande quantité de liquide ; mais ces tubes offrent le grave inconvénient de laisser, au dessus du liquide récolté, une certaine quantité d'air qui, bien que pur, amène peu à peu la perte de la virulence du claveau.

Après de nombreux tâtonnements, voici la méthode à laquelle je me suis arrêté et qui m'a permis de fournir en abondance un virus de facile conservation : au préalable je lave, avec le plus grand soin, à l'eau tiède salycilée ou légèrement alcoolisée, la pustule arrivée à maturité, on dessèche la surface de cette dernière à l'aide d'un linge très-fin et d'une grande propreté. Je reçois alors l'humeur variolique dans un tube stérilisé de Pasteur. La récolte achevée, j'ajoute à ce liquide une substance antiseptique, telle que la glycérine salycilée ou phéniquée. Je laisse reposer le mélange ainsi obtenu et le liquide citrin dépourvu de coagulum qui s'en échappe est reçu dans des tubes, préalablement flambés. Les deux extrémités des tubes étant effilées, on les ferme soigneusement à la lampe. Il ne reste qu'à les conserver dans un lieu frais et à l'abri de la lumière.

Le virus ainsi obtenu peut être facilement expédié au loin, dans des étuis spéciaux. J'ai l'honneur d'accompagner ce mémoire d'un tube spécimen, tel que je les adresse aux vétérinaires et aux éleveurs qui ont essayé avec succès le virus ainsi préparé.

Ma méthode présente, en outre, l'avantage d'obtenir de grandes quantités de virus claveleux très pur. Pendant le cours des mois de mai et juin 1884, il m'a été possible de mettre en tubes le virus suffisant pour claveliser plus de cinquante mille (50,000) moutons. Je dois ajouter que ce liquide avait été recueilli sur les sujets inoculés chez lesquels *une seule pustule* s'était développée, en même temps que l'état des sujets ne laissait rien à désirer.

Sur 1500 bêtes ovines inoculées avec ce claveau en temps opportun, toutes ou presque toutes n'ont eu qu'une simple pustule.

III

*Injection sous-cutanée du liquide variolique dilué. — L'eau distillée ajoutée
à ce liquide affaiblit-elle son activité? — Le même virus atténue-t-il son
activité en vieillissant?*

A. Les premières expériences d'injection sous-cutanée à l'aide de la seringue Pravaz, du virus claveleux dilué, remontent au mois de janvier 1883.
Les deux sujets chez lesquels l'expérience fut pratiquée, ne présentèrent
aucune éruption variolique et résistèrent aux inoculations de virus pur, faites
ultérieurement. J'avoue, sincèrement, que je pensais avoir trouvé un moyen
de conférer l'immunité variolique aux bêtes ovines sans l'éruption.

Ce résultat si facile à obtenir sur les jeunes sujets de l'espèce bovine, à
l'aide de l'inoculation du cow-pox dans le tissu cellulaire sous-cutané, réussit
rarement sur les bêtes ovines. Je suis porté à croire, aujourd'hui, que les
deux sujets signalés plus haut jouissaient d'une immunité naturelle.

Quoi qu'il en soit, l'injection de 5 à 10 centigrammes, sous la peau,
des dilutions claveleuses à 1/8, 1/16, 1/32, 1/64, 1/128 déterminent des
phénomènes variables. Chez quelques sujets, une pustule unique, sans de
trop grands accidents inflammatoires se développe au point de pénétration
de la canule, mais, le plus souvent, l'engorgement diffus et la rougeur qui
accompagnent la pustule atteignent un degré d'intensité remarquable,
que je n'ai *jamais obtenu* sur les témoins inoculés par simple piqûre sous-
épidermique, à l'aide du virus pur. D'autres sujets ont présenté une
éruption variolique confluente qui, dans bien des cas, a déterminé la mort.
Ces divers effets ont été obtenus avec les solutions plus haut citées. Sur
40 sujets soumis à ce mode d'inoculation, 11 succombèrent. Quant aux
témoins, au nombre de 25, inoculés avec le virus pur, par simple piqûre
à la face inférieure de la queue, non-seulement aucun n'a succombé, mais
tous ont présenté une belle pustule de variole sans accidents secondaires.

En présence de ces résultats, je suis porté à croire que les injections
sous-cutanées du claveau dilué ne sont pas appelées, dans la pratique, à
remplacer la méthode classique d'inoculation sous épidermique à l'aide de la
lancette. De nouvelles recherches décideront de la valeur des injections.

B. L'eau distillée ajoutée, en suffisante quantité, au virus variolique affaiblit-elle l'activité de ce virus ?

Les résultats précédents, obtenus par l'injection sous-cutanée du virus de
la clavelée, démontrent, que cette activité ne paraît pas diminuer aux doses
qui ont servi à mes expériences. Si on utilise ces dilusions par inoculation
sous-épidermique, on constate un plus grand nombre d'insuccès, mais les
sujets qui présentent des pustules les offrent en tout semblables à celles
obtenues avec le virus pur.

C. Le claveau s'affaiblit-il en vieillissant ?

Ponr répondre à cette question, il est bon d'expérimenter sur un grand
nombre de sujets, car si on se contente de quelques expériences de laboratoire, on s'expose à tirer des conclusions qui peuvent être différentes dans la

grande pratique. Le 15 mai 1883, j'inoculai par une piqûre sous-épidermique un troupeau d'une centaine de bêtes ovines âgées d'un an, avec le virus liquide contenu dans un tube stérilisé de Pasteur, recueilli quatre mois avant. Sur cent sujets, un seul présenta une magnifique pustule du diamètre d'une pièce de deux francs, qui servit à inoculer, avec succès, les quatre-vingt-dix-neuf autres chez lesquels l'inoculation n'avait pas réussi.

Les mêmes faits se sont produits, toutes les fois que j'ai fait usage d'un liquide recueilli depuis trop longtemps.

Jusqu'à preuve du contraire, et me basant sur les résultats obtenus dans mes expériences, je suis porté à conclure :

1° Que l'eau distillée ajoutée au claveau augmente simplement la partie inerte de ce dernier ; qu'en éloignant les granulations, agents actifs de la contagion, on diminue les chances de succès de l'inoculation ; mais, lorsque cette dernière se produit, la clavelée inoculée possède tous les caractères et toutes les propriétés que confère le virus pur ;

2° Que le temps amène la mort des éléments figurés, actifs du liquide variolique, mais ceux qui résistent possèdent toutes leurs propriétés.

IV

Durée de l'immunité variolique acquise par les animaux de l'espèce ovine à la suite de l'inoculation.

On s'accorde généralement à dire que la variole naturelle ou inoculée ne se montre qu'une seule fois sur les bêtes ovines. Il y a là une erreur qu'il est bon de faire cesser. Un exemple remarquable observé récemment démontrera, suffisamment, quelles sont les conséquences fâcheuses qui peuvent se produire dans la pratique.

Le 27 avril 1883, j'inoculai cent dix jeunes agneaux, faisant partie du troupeau de M. L.....; Quatre-vingt-dix-sept brebis, âgées de quatre ans, que j'avais inoculées, avec succès, trois ans avant, ne subirent pas la réinoculation, elles restèrent mélangées avec les agneaux. Une pustule unique évolua sur tous ces derniers, tandis que la variole se déclara sur toutes les brebis inoculées depuis longtemps. La plupart présentèrent une variole disséminée, bénigne, quarante d'entre elles, une variole confluente intense; trois succombèrent.

La conclusion à tirer de ce fait, est qu'il est prudent de réinoculer, dès la seconde à la troisième année après la première inoculation, tous les sujets pouvant être exposés aux dangers de la variole naturelle ou inoculée.

V

A quelle période de son cours la clavelée inoculée doit-elle être parvenue pour être préservatrice ?

La solution de cette question n'est pas sans importance dans la pratique. Il est d'usage, en effet, après l'apparition de la clavelée, lorsqu'on se décide à inoculer le restant du troupeau, de mélanger, immédiatement, les sujets clavelisés avec les varioleux. Cette habitude constitue un danger réel, qu'il est bon de signaler. La mortalité qui peut se produire, est attribuée à la clavelisation, tandis qu'elle peut, fort bien, résulter d'une hypervariolisation effectuée à la suite de l'absorption du virus claveleux qui s'échappe des animaux malades.

Il s'agissait de démontrer qu'après l'inoculation de la variole, il s'écoule un temps assez long, pendant lequel l'immunité n'existe pas.

Voici les expériences que j'ai instituées à l'effet de jeter quelque lumière sur ce point :

Deux sujets croisés, Caussenard-barbarin, âgés d'un an, très vigoureux et ne présentant sur le corps, aucune cicatrice de variole, furent le 7 avril 1884, débarrassés de leur toison sur les parties latérales inférieures de la poitrine et de l'abdomen ; je pratiquai, ce jour-là, deux piqûres sous épidermiques distantes l'une de l'autre de deux centimètres environ. Le virus claveleux destiné à cette expérience, renfermé dans un tube assez volumineux, servit à remplir douze tubes plus petits, qui furent soigneusement bouchés et placés dans un lieu frais.

Chaque jour, pendant douze jours, le contenu d'un tube fut employé à deux nouvelles piqûres, que je plaçai parallèlement aux premières. Inutile d'ajouter que toutes les précautions étaient prises à chaque séance, pour assurer le succès de l'inoculation. Ainsi, les animaux fixés sur une table, ne recevaient la liberté que dix minutes après l'inoculation. J'avais la précaution de mettre une tache d'encre aux points où les piqûres avaient été faites. Cette mesure est indispensable afin de pouvoir, plus tard, distinguer les pustules développées, résultant de l'inoculation directe, d'avec celles qui secondairement se montrent dans le voisinage.

La figure schématique, ci-contre, montre jour pour jour, l'aspect des points d'inoculation. Chez les deux sujets, j'ai constaté que les piqûres faites les six premiers jours, présentent quatre jours après une macule rouge.

Ainsi, les piqûres faites le   7 avril ont commencé à évoluer le 11

—	—	celles du 8 —	—	—	le 12
—	—	— du 9 —	—	—	le 13
—	—	— du 10 —	—	—	le 14
—	—	— du 11 —	—	—	le 15
—	—	— du 12 —	—	—	le 16

Passé cette dernière époque, les piqûres des 13, 14, 15, 16, etc., ne présentèrent pas la plus légère macule. Les pustules furent d'une ampleur variable ; les plus grandes étaient les 2 premières, et les autres allaient, sans cesse, en décroissant. il en fut de même de l'inflammation : la période de sécrétion avorta presque complétement sur les dernières.

D'après cette expérience, il semblerait résulter que l'immunité variolique n'est acquise que du troisième au quatrième jour qui suivent l'apparition de la macule rouge indiquant le succès de l'inoculation.

Dans les deux cas observés, l'immunité existait donc du 6e au 7e jour après la première inoculation. Quelques faits observés dans la pratique, sembleraient établir, que la durée est variable et en rapport avec la période d'incubation. Si cette dernière est plus grande, l'immunité est également plus lente à se produire, mais elle parait constante 3 ou 4 jours après l'apparition de la macule rouge.

VI

*L'hydrogène sulfuré exerce-t-il une action spéciale sur l'organisme des bêtes
ovines pouvant empêcher le développement de la variole inoculée?*

Le docteur Froschauer, de Vienne, ayant avancé que les moutons inoculés de la clavelée échappent à cette maladie quand on les oblige à inhaler
un peu d'hydrogène sulfuré, tandis qu'un autre groupe de ces animaux,
abandonnés à l'air libre, sans ce traitement, prend l'affection virulente et
meurt, je priai notre savant maitre, M. Henri Bouley, de me fournir les
indications nécessaires pour appliquer cette méthode. Peu de jours après, je
reçus les instructions formulées par M. Froschauer lui-même. Un premier
essai fut tenté dans une bergerie contenant deux cents bêtes ovines, parmi
lesquelles vingt présentaient une variole confluente : cent vingt furent inoculées et soixante remplirent le rôle de témoins.

Malgré le dégagement de l'hydrogène sulfuré, les inoculations réussirent.
Ce gaz fut impuissant à empêcher la variolisation d'un certain nombre de
bêtes ovines laissées au contact de sujets affectés d'une variole confluente
des plus graves. Sur soixante sujets atteints de variole maligne, trente-deux
succombèrent. Craignant que cet insuccès ne put être attribué à une insuf-
fisance de l'hydrogène sulfuré dégagé, je résolus de répéter cette expérience.
Je choisis à cet effet, quatre agneaux, âgés de six mois, n'ayant jamais subi
les atteintes de la variole naturelle ou inoculée, que je plaçai dans un petit
local sous ma surveillance immédiate. Après m'être assuré que le sulfure de
fer utilisé, sous l'action de l'acide sulfurique étendu d'eau, donnait dégagement à une abondante quantité d'hydrogène sulfuré, je plaçai dans des
vases spéciaux une quantité de mélange double de celle indiquée par
M. Froschauer. Cette préparation fut renouvelée, régulièrement, toutes les
huit heures. Après la fermeture des portes et fenêtres, l'odeur de l'hydrogène
sulfuré était des plus marquée, et c'est dans ce milieu, que vécurent mes
quatre sujets d'expérience.

Vingt-quatre heures après le début du dégagement gazeux, je fis à un
agneau une simple piqûre sous la queue, avec du virus claveleux conservé
en tube depuis un mois.

Un second agneau subit la même opération vingt-quatre heures après le
premier.

Un troisième fut inoculé soixante-douze heures après le début, et enfin le
quatrième, quatre-vingt-seize heures après. Le dégagement d'hydrogène
sulfuré fut produit d'une façon régulière pendant douze jours. Malgré la présence de ce gaz, les pustules varioliques commencèrent à évoluer du troisième au cinquième jour après celui de l'inoculation : elles acquirent
absolument, les mêmes dimensions qu'à l'état normal.

Plus récemment, un troupeau de brebis des Causses ayant été atteint de
la clavelée, les sujets malades furent séparés des autres, en apparence sains,
et placés dans un local n'ayant aucune communication avec celui où se trou-
vaient renfermées les brebis non malades.

Les deux lots d'animaux respirèrent pendant dix jours l'hydrogène sulfuré.

Le lot de trente-cinq bêtes, non variolé, subit l'inoculation sous-épidermique vingt-quatre heures après avoir respiré l'hydrogène sulfuré.

La variole évolua sur tous les sujets, comme à l'ordinaire. L'hydrogène sulfuré ne put empêcher le développement de la variole confluente qui se montra, dès le troisième jour, sur quatre brebis ayant cohabité avec les malades.

Quant au second lot, composé de brebis affectées dès le début de variole confluente, l'affection ne parut être nullement modifiée par le dégagement de l'acide sulfhydrique.

VII.

Effets produits à la suite de l'amputation du point ou l'inoculation variolique a été pratiquée.

C'est à un de nos praticiens les plus distingués du midi, feu Lafont de Castries, père de notre excellent ami, qu'est due la mise en pratique de ce procédé. Lafont inoculait la variole à la pointe de la queue ; du 14ᵉ au 15ᵉ jour, alors que la pustule était arrivée à la période de sécrétion, il pratiquait l'amputation de cet organe, sur une longueur de 3 centimètres environ, enlevant ainsi la pustule.

Lafont a essayé ce procédé pour la première fois, il y a près de quarante ans. Le succès a toujours été la règle.

Il m'a paru intéressant de faire quelques expériences. J'ai pratiqué l'inoculation à la pointe de l'oreille ou à l'extrémité de la queue.

Sur quatre sujets l'amputation du point d'inoculation eut lieu sept jours après la piqûre, alors que la macule rouge était bien indiquée. Après cette opération, tous les sujets montrèrent des boutons varioliques disséminés à la surface du corps, ce qui ne m'est jamais arrivé toutes les fois que l'amputation a été pratiquée le quinzième jour, quand la pustule est arrivée à son maximum de développement.

VIII.

Conclusions pratiques.

Dans un excellent ouvrage (*Les progrès en médecine par l'expérimentation*) récemment publié par notre savant maître M. Henri Bouley, il est dit :

« Dans les régions tempérées, la clavelisation a fait ses preuves, que j'ai reproduites devant vous, exprimées par des chiffres dans la séance précédente. Pourquoi dans le midi, actuellement, la clavelisation paraît-elle infidèle à son long passé ? Il y a là une enquête à faire, pour trouver la raison d'un état de choses exceptionnel et contradictoire avec ce qui se passe dans nos départements du nord et du centre. Il me paraît probable, que l'intensité de la chaleur et les grandes agglomérations d'animaux doivent être des conditions de la gravité des caractères que la clavelée transmise artificiellement est susceptible de revêtir actuellement dans le midi. Mais nous sommes en présence d'une question à éclaircir par des investigations, faites et continuées sur les lieux. Iuutile donc de discourir sur des causes qui sont à trouver par voie expérimentale. »

Il résulte, pour nous, de l'enquête que des circonstances particulières m'ont permis de faire et des expériences entreprises sur la clavelée, que les causes principales des insuccès obtenus dans le midi à la suite des inoculations, résultent, le plus souvent, de l'emploi d'un virus claveleux trop actif, employé en temps inopportun. La possibilité qu'il y a, actuellement, de mettre entre les mains des vétérinaires un virus connu et en quantité suffisante, permet de fixer les précautions qu'il convient de prendre pour atténuer les funestes effets de la variole ovine, ce sont les suivantes :

1° Tout éleveur dont le troupeau se trouve placé dans le voisinage de bêtes ovines importées d'Afrique, d'Espagne, de Hongrie, etc., ou disposé par suite de circonstances spéciales, locales, à contracter la variole, doit claveliser préventivement son troupeau ;

2° La clavelisation sera pratiquée au printemps ou en automne pendant les mois où la température est douce, uniforme et alors que les brebis ne sont pas dans une période trop avancée de gestation ;

3° On devra employer, à cet effet, un virus ayant manifesté constamment des effets bénins en passant à travers plusieurs organismes ;

4° Si l'on ne pouvait se procurer le virus de conserve, (il serait facile et peu dispendieux pour l'Etat de créer dans le midi un établissemnt destiné à préparer ce virus), si l'époque est favorable, on choisira un sujet vigoureux affecté d'une variole bénigne, à pustules nettement délimitées, et l'on procéderait à la récolte du virus d'après la méthode que j'ai indiquée plus haut ;

5° Afin de diminuer les chances d'hypervariolisation qui peuvent se produire, toutes les fois qu'on inocule, en se servant du virus puisé directement sur un mouton affecté de variole naturelle, la récolte en tube précèdera toujours l'inoculation ;

6° Si la clavelée existe dans le troupeau, on éloignera chaque jour, avec soin, tous les sujets malades ; même après l'inoculation, cette mesure s'impose ;

7° L'inoculation de la clavelée sera pratiquée par une simple piqûre sous-épidermique à la face inférieure de la queue, ou à défaut à la face interne de la cuisse. Une simple piqûre, dirons-nous avec Delafond, est suffisante pour le succès d'une bonne inoculation, prévenir les accidents généraux dus à l'introduction d'une trop grande quantité de virus dans l'organisme, comme aussi les accidents locaux déterminés par le développement de plusieurs grosses pustules réunies, groupées au même endroit et dont l'inflammation violente donne trop souvent naissance à des furoncles ou à des engorgements gangréneux.

8° On évitera, avec soin, d'insérer le virus, profondément, dans l'épaisseur du derme ou du tissu cellulaire sous-cutané. On crée ainsi une plaie qui, pendant sa cicatrisation, peut être une porte ouverte à l'inoculation des matières en voie de décomposition, cause ordinaire du développement de ces tumeurs inflammatoires et furonculeuses qui, pendant les 8 premiers jours de l'infection et du 15e au 25e jour, déterminent parfois, soit une gangrène mor-

telle, soit une fièvre de réaction violente, souvent pernicieuse aux bre
pleines et aux jeunes agneaux. (Je dois signaler les bons effets obten
dans les tumeurs inflammatoires présentant de mauvais caractères, par
injections cutanées de la teinture d'iode additionnée d'eau distillée et
glycérine) ;

9° On surveillera la cicatrisation des pustules. Il arrive parfois, à par
du 15ᵉ jour de l'inoculation, qu'une odeur repoussante fétide s'en dégag
elle résulte de la décomposition des liquides sécrétés et aussi de la morti
cation du derme. Des accidents graves peuvent se produire. Il ne ser
pas étonnant que la résorption des liquides ou des matières putrid
puisse infecter le sang, et amener une infection générale suivie de la mc
des sujets. La glycérine iodée appliquée sur la plaie, que l'on saupoud
d'acide salycilique, accompagné de l'injection iodée, m'a fourni de bo
résultats ;

10° Le fumier de la bergerie devra, au préalable, être enlevé ;

11° Mieux vaut sortir les animaux inoculés que les laisser à la berger
Si les circonstances climatériques exigeaient la rentrée du troupeau, (
surveillera, avec soin, que l'aération du local soit suffisante pour empêch
une grande élévation de température ;

12° Il sera bon de temps en temps, et en l'absence du troupeau à la be
gerie, de faire dégager des vapeurs sulfureuses par la combustion du soufr
Cette mesure est utile toutes les fois que la bergerie dégage une ode
désagréable.

Arrivé à la fin de ce travail, qui résume trop succinctement les expérienc
faites, il me paraît utile d'insister sur le rôle important que joue le béta
algérien dans le midi de la France, importance telle qu'il est du devoir (
l'État, non-seulement d'augmenter la production de notre colonie, d'enco
rager la disparition des sujets à queue large, mais encore de faciliter sc
introduction en France, par l'application de mesures sanitaires intelligente
La clavelée et le bétail étranger marchent ensemble, l'État doit donc fai
étudier sérieusement les moyens de réduire les dommages produits par cet
importation.

Montpellier, le 1ᵉʳ septembre 1884.

Extrait du *Progrès agricole et viticole.*